Niveau 1

Mes histoires Montessori pour compter

À LA FERME

Delphine Urvoy
Professeur des écoles

Illustrations
Amélie Clavier

LAROUSSE

Direction de publication : Carine Girac-Marinier

Direction éditoriale : Julie Pelpel-Moulian

Édition : Célia Reynaud

Direction artistique : Uli Meindl

Réalisation : Cécile Rabataud

Fabrication : Ombeline Canaud

ISBN : 978-2-03-599222-2

Sommaire

C'est les vacances ! Louise est très excitée à l'idée de partir à la ferme. Pour le moment, il est temps pour elle de préparer sa valise toute seule.

– Combien de jours partons-nous ? demande-t-elle à son papa.

– Je te laisse compter : nous partons le 8 et revenons le 20.

Combien de jours vont durer les vacances de Louise ?

____

8 pour aller à 10, ça fait 2.

10 pour aller à 20, ça fait 10.

2 et 10, en tout, ça fait 12.

– 1, 2, 3, 4, 5, 6, 7, 8, 9, 10, 11, 12 !

Nous partons 12 jours à la ferme !

Dommage que je n'aie pas assez

de doigts pour tous les compter.

– Bravo ! dit Papa.

Nous partons bien 12 jours !

2020
1 2 3 4 5 6
7 8 9 10 11 12
13 14 15 16 17 18
19 20 21 22 23 24
25 26 27 28 29 30

Papa ajoute :

– Tu peux préparer des affaires pour une semaine. Nous ferons une lessive sur place.

Une semaine… Louise a oublié le nombre de jours qu'il y avait dans une semaine mais elle se souvient de la comptine : « lundi, mardi, mercredi…

Peux-tu l'aider à continuer ?

… jeudi, vendredi, samedi, dimanche. »

– Je prépare 7 tenues ! Et je n'oublie pas mon chapeau de paille, pour me protéger du soleil !

La valise est prête. Les vacances à la ferme peuvent commencer.

Louise et Papa arrivent à la ferme.

Impatiente, Louise court vers le poulailler :

– 4 poules, 4 poussins…

– Et 2 lapins ! ajoute Papa, devant le clapier.

Combien d'animaux voient-ils à leur arrivée à la ferme ?

4 plus 4, ça fait 8.

8 plus 2, ça fait 10.

Il y a 10 animaux en tout.

Louise arrive à tout compter avec les doigts de ses mains.

Le compte est bon !

En entrant dans le poulailler, Louise voit que chaque poule a pondu 2 œufs.

Combien d'œufs les poules ont-elles pondus aujourd'hui ?

______

Il y a 4 poules, ça fait donc 2 + 2 + 2 + 2.

Louise voit que les poules ont pondu 8 œufs.

Elle va vite prévenir Papa.

– Rapporte-moi les œufs, dit-il.
Voilà 2 boîtes. Chacune peut contenir 6 œufs.

D'après toi, ces 2 boîtes suffiront-elles ?

______

1, 2, 3, 4, 5 et 6 ! La première boîte est remplie. Il reste 2 œufs. Louise les range dans la deuxième boîte.

Combien d'œufs manque-t-il pour remplir la deuxième boîte ?

____

La boîte peut contenir 6 œufs,
or il n'y en a que 2.

6 moins 2, ça fait 4 : Louise peut mettre encore 4 œufs dans la deuxième boîte.

À ton avis, combien d'œufs, au total, les deux boîtes peuvent-elles contenir ?

______

Comme Louise, tu peux compter de 2 en 2 en t'aidant de tes doigts.

– 2, 4, 6, 8, 10, 12 ! Je peux mettre 12 œufs au total dans les deux boîtes. 12, c'est le double de 6. C'est 2 fois le nombre 6.

– Si on faisait une omelette ? propose Papa, en rentrant dans la maison.

– Bonne idée ! dit Louise.

Mais en manipulant les boîtes, ploutch ! elle casse 1 œuf !

Combien d'œufs reste-t-il pour faire l'omelette ?

____

8 moins 1, ça fait 7.

Il reste donc 7 œufs.

– Pour l'omelette, 2 œufs chacun suffiront. Tu peux ranger les autres dans le réfrigérateur. Je vais au potager chercher des poivrons et des tomates pour accompagner l'omelette.

Louise réfléchit.

Combien d'œufs Louise doit-elle ranger ?

______

2 œufs chacun, ça fait 2 + 2, ça fait 4.

7 moins 4, ça fait 3.

– Je vais donc ranger 3 œufs
dans le réfrigérateur.

Ce sera pour le petit déjeuner
de demain. Chouette ! On fera des œufs
à la coque avec des mouillettes beurrées !

Je compte, puis j'entoure la quantité

6 7 8 9 10

6 7 8 9 10

6 7 8 9 10

6 7 8 9 10

Je complète chaque chenille

Respecte bien l'ordre des nombres.

Je cherche, puis je complète le tout

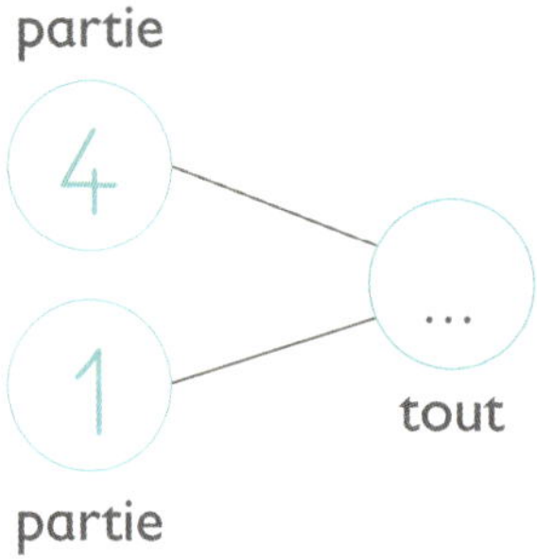

4 + 1 = ...

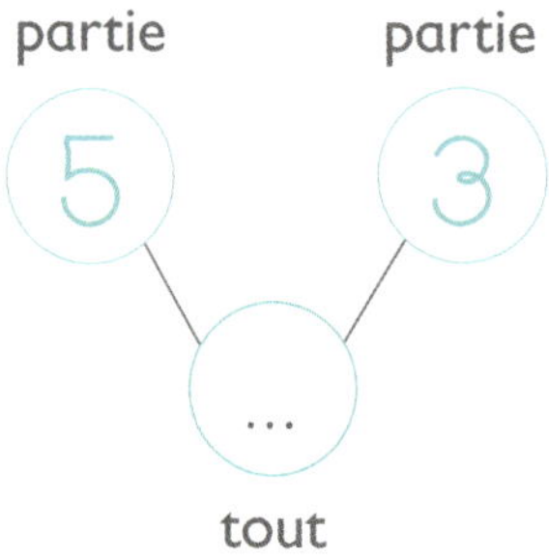

5 + 3 = ...

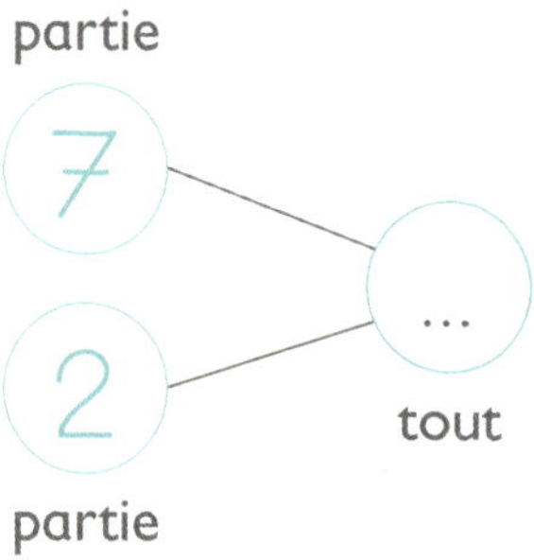

7 + 2 = ...

Je cherche, puis je complète

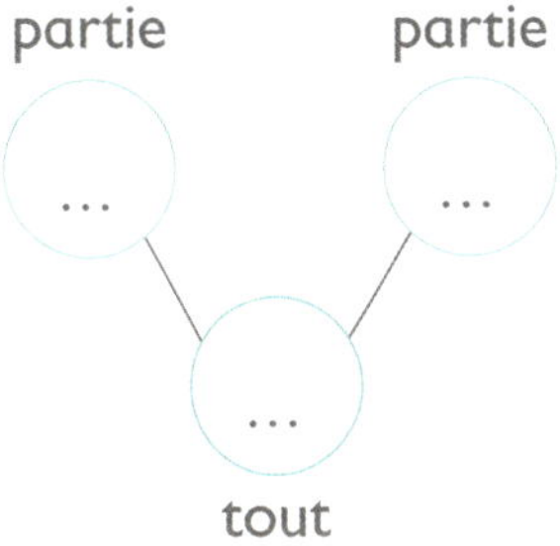

... + ... = ...

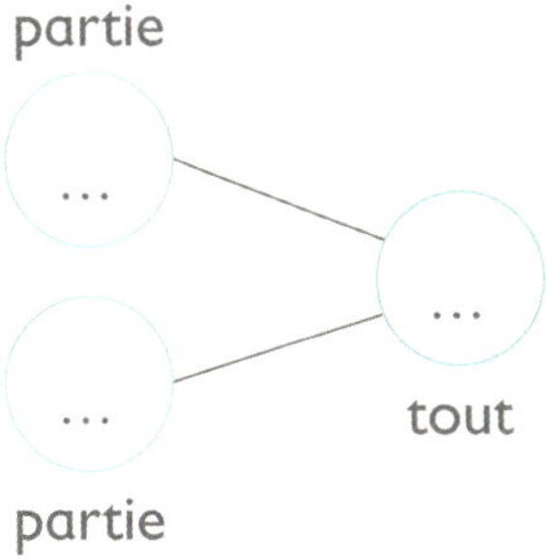

... + ... = ...

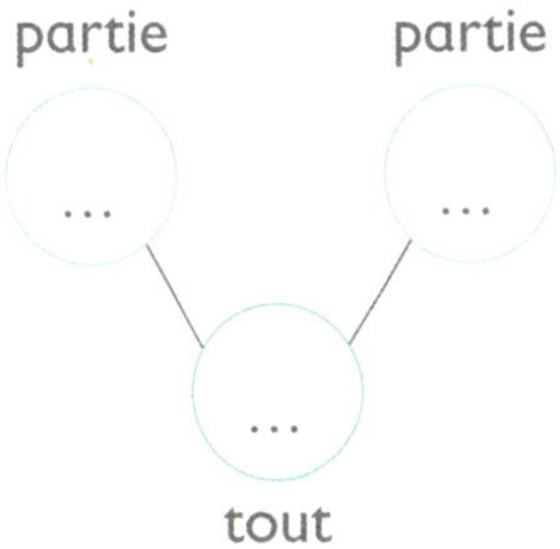

... + ... = ...

Je complète la phrase mathématique

Barre les fruits à retirer
avant de compléter les opérations.

5 – 3 = ...

8 – 2 = ...

6 – 4 = ...

10 – 1 = ...

7 – 2 = ...

10 – 6 = ...

Je barre les ballons, puis je complète

Il y a 6 ballons. 2 ballons éclatent. Il reste … 

… – … = …

Il y a 4 ballons. 1 ballon éclate. Il reste … 

… – … = …

Il y a 5 ballons. 3 ballons éclatent. Il reste … 

… – … = …

Imprimé par Rotolito Romania. Bucarest (Roumanie)
Dépôt légal : 325793/01 – juin 2020
N° de projet : 11043753 – août 2020